Rodgers Atwongyeire

Impacto da COVID-19 nos serviços de proximidade do sistema alimentar agrícola do Uganda

Rodgers Atwongyeire

Impacto da COVID-19 nos serviços de proximidade do sistema alimentar agrícola do Uganda

O impacto da COVID-19 na extensão agrícola do distrito de Rwampara, no sudoeste do Uganda

ScienciaScripts

Imprint

Any brand names and product names mentioned in this book are subject to trademark, brand or patent protection and are trademarks or registered trademarks of their respective holders. The use of brand names, product names, common names, trade names, product descriptions etc. even without a particular marking in this work is in no way to be construed to mean that such names may be regarded as unrestricted in respect of trademark and brand protection legislation and could thus be used by anyone.

Cover image: www.ingimage.com

This book is a translation from the original published under ISBN 978-620-7-80647-8.

Publisher:
Sciencia Scripts
is a trademark of
Dodo Books Indian Ocean Ltd. and OmniScriptum S.R.L publishing group

120 High Road, East Finchley, London, N2 9ED, United Kingdom
Str. Armeneasca 28/1, office 1, Chisinau MD-2012, Republic of Moldova, Europe
Printed at: see last page
ISBN: 978-620-7-93658-8

COVID-19 Impacto nos serviços de proximidade de produção alimentar agrícola no Uganda

por Atwongyeire Rodgers

Kyambogo University Main West End Campus Portão público

Kyambogo University West End Campus Portão público principal

ÍNDICE DE CONTEÚDOS

RESUMO

O impacto global da pandemia de COVID-19 está a aumentar diariamente. Os governos de todo o mundo vêem-se confrontados com múltiplos desafios relacionados com a minimização do impacto devastador sobre a saúde, a proteção de vidas humanas e a garantia de um abastecimento alimentar suficiente e do funcionamento dos serviços para os mais necessitados. O Uganda, como parte da comunidade mundial, não foi poupado, tendo o Governo do Uganda declarado a pandemia uma catástrofe nacional e, em muitos casos, em 2020, o que afectou a agricultura, tanto no que diz respeito ao trabalho de extensão como à produção alimentar. Os serviços de extensão foram limitados devido ao confinamento, uma vez que os extensionistas não foram autorizados a deslocar-se livremente para onde os seus serviços são necessários. O estudo pretendia realizar um estudo sobre o impacto da COVID-19 na extensão agrícola e na produção alimentar no subcondado de Nyabikungu, distrito de Rwampara. Este foi guiado pelos seguintes objectivos; 1. descobrir o efeito da COVID-19 na extensão agrícola no Sub-Condado de Nyabikungu, distrito de Rwampara, 2. determinar o efeito da COVID-19 na produção alimentar no Sub-Condado de Nyabikungu, distrito de Rwampara, 3. identificar as medidas utilizadas para conter os efeitos da COVID-19 na extensão agrícola e na produção alimentar no Sub-Condado de Nyabikungu, distrito de Rwampara. Foi utilizado um desenho de investigação transversal, empregando métodos quantitativos e qualitativos para examinar o impacto da COVID-19 na extensão agrícola e na produção alimentar no subcondado de Nyabikungu, distrito de Ruampara. Foi utilizada uma amostra de 171 inquiridos. Estes incluíam 169 membros da comunidade, 1 responsável pelo desenvolvimento da comunidade e 1 responsável pela agricultura no subcondado de Nyabikungu, distrito de Rwampara. O oficial de desenvolvimento comunitário e o oficial agrícola foram os principais inquiridos no estudo. Foram utilizados questionários e guias de entrevista para a recolha de dados. As constatações do estudo revelaram que a COVID-19 conduziu a uma formação agrícola limitada ou inexistente por parte dos extensionistas (100%) no subcondado de Nyabikungu, a uma circulação limitada dos extensionistas (80%) e que a COVID-19 reduziu a produção alimentar devido à limitação dos serviços de extensão (65%). O levantamento do confinamento para permitir a deslocação dos extensionistas (90%) e a autorização para que os funcionários agrícolas e os extensionistas se desloquem como trabalhadores essenciais (80%) foram as principais medidas utilizadas para travar os efeitos da COVID-19 na extensão e na produção alimentar no Subcondado de Nyabikungu. O estudo recomenda a necessidade de cumprir os regulamentos da COVID-19 para achatar a curva de transmissão da COVID-19, a utilização de grupos sociais para comunicação durante o confinamento ajuda a reduzir a propagação da COVID-19 e o desenvolvimento de estratégias de formação de marketing em linha.

CAPÍTULO UM

INTRODUÇÃO

1.1 Antecedentes do estudo

Este capítulo contém os antecedentes do estudo, o enunciado do problema, os objectivos do estudo, as questões de investigação, o âmbito do estudo e a importância do estudo. O impacto global da pandemia de COVID-19 está a aumentar diariamente. Os governos de todo o mundo são confrontados com múltiplos desafios relacionados com a minimização do impacto devastador na saúde e a proteção de vidas humanas, assegurando o fornecimento de alimentos suficientes e o funcionamento dos serviços para os mais necessitados PNUD (2020). Tudo isto enquanto se lida com as consequências económicas da COVID-19, que deverá empurrar mais 548 milhões de pessoas para baixo do limiar de pobreza. Entre as perturbações actuais e as ameaças futuras à cadeia de abastecimento alimentar, o surto de COVID-19 gerou uma vulnerabilidade extrema no sector agrícola (Aday & Aday, 2020).

As Nações Unidas (ONU) reconhecem que as medidas de mitigação para prevenir e controlar os surtos de COVID-19 já começaram a afetar as cadeias globais de abastecimento alimentar (ONU, 2020). Os sistemas de extensão agrícola e serviços de aconselhamento (EAS) desempenham um papel indispensável na linha da frente da resposta à pandemia nas zonas rurais. No entanto, para se adaptarem ao contexto de emergência no âmbito dos regulamentos governamentais, os fornecedores de EAS têm de alterar rapidamente a sua forma de funcionamento (Banco Mundial, 2020).

No Zimbabué, por muito que o confinamento tenha sido uma medida nobre para conter a propagação da doença, teve um impacto negativo no abastecimento, no acesso e na estabilidade dos alimentos, em especial nos mercados de insumos c produtos agrícolas e nos serviços de extensão agrícola. O principal pilar do desenvolvimento económico do Zimbabué é o sector agrícola, que constitui a principal fonte de subsistência para a maioria (70%) da população do país (Zimbabwe Agricultural Society, 2019). A maioria das indústrias transformadoras depende mais de matérias-primas e ingredientes provenientes do sector agrícola (Zimbabwe Agricultural Society, 2019). A proibição de reuniões públicas dificultou a prestação de serviços adequados de extensão agrícola, como a formação de agricultores, a distribuição de insumos agricolas, as visitas de campo, as escolas de campo c as exposições agrícolas distritais (Savitt & Samantha 2020).

Em resposta à pandemia global de COVID-19, que está a provocar perdas catastróficas de vidas humanas e a prejudicar os meios de subsistência em todo o mundo, o Governo do Uganda (GOU) anunciou um confinamento nacional rigoroso, com efeitos a partir de 1 de abril de 20201 , a fim de reduzir a transmissão do vírus, a sua propagação e as consequências conexas. O sector agrícola é particularmente afetado e enfrenta desafios sem precedentes que ameaçam a segurança alimentar e a nutrição a nível familiar, comunitário e nacional. É neste contexto que o Ministério da Agricultura, da Indústria Animal e das Pescas (MAAIF) publicou orientações oficiais em 28 de março de 2020 para ajudar a gerir a situação. As comunidades agrícolas foram encorajadas a tirar partido das chuvas actuais, a plantar e gerir as culturas em conformidade e a cuidar do gado e das pescas para garantir a sua segurança alimentar, segurança nutricional e rendimentos durante e após a pandemia. Para captar alguns impactos emergentes da epidemia, a Uganda Landcare Network (ULN), em parceria com a World Overview of Conservation Approaches and Technologies (WOCAT), realizou algumas entrevistas rápidas por telefone e pessoalmente entre 27 e 29 de abril de 2020.

No Uganda, a formação dos agricultores e os serviços de extensão agrícola são fundamentais para melhorar a qualidade e a quantidade dos produtos agrícolas. Mhlanga (2020) afirma que a instituição de confinamentos nacionais provou ser muito importante para reduzir a circulação de pessoas e achatar a curva de transmissão da COVID-19. Contudo, as medidas restritivas perturbaram os meios de subsistência dos pequenos agricultores devido à rutura do seu capital social, uma vez que deixou de ser possível trabalhar em conjunto para maximizar a produtividade (Ndhlovu, 2020). A FAO (2020) informou que, devido às restrições impostas pela COVID-19, os sectores da alimentação e da agricultura enfrentam desafios na cadeia de valor, que incluem: a prestação de serviços de extensão agrícola, o acesso aos mercados agrícolas e os défices de mão de obra.

No subcondado de Nyabikungu - distrito de Rwampara, a pandemia de COVID-19 levou a um confinamento que limitou a circulação dos extensionistas. A formação dos agricultores em matéria de melhores métodos agrícolas só deixou de ser ministrada quando o confinamento foi parcialmente levantado. Esta situação afectou negativamente a produção alimentar na região, uma vez que os agricultores utilizavam métodos agrícolas autóctones. É neste contexto que o investigador pretende realizar um estudo sobre o impacto da COVID-19 na extensão agrícola e na produção alimentar no subcondado de Nyabikungu, distrito de Rwampara, e apresentar possíveis soluções.

1.2 Declaração do problema

A pandemia de COVID-19 devastou a humanidade e paralisou a economia mundial, tal como tinha sido avisado pela OMS de que a pandemia iria afetar todos os sectores (Aday & Aday, 2020). O Uganda, enquanto parte da comunidade mundial, não foi poupado, tendo o Governo do Uganda declarado a pandemia uma catástrofe nacional, em 18 de março e 20 de maio de 2020, respetivamente. Esta situação afectou a agricultura, tanto no que se refere ao trabalho de extensão como à produção alimentar. Os serviços de extensão foram limitados devido ao confinamento, uma vez que os extensionistas não foram autorizados a deslocar-se livremente aos locais onde os seus serviços são necessários. Esta situação levou a um conhecimento limitado da maioria dos agricultores sobre as questões agrícolas mais actuais, como as doenças, os novos métodos de cultivo e as fontes de mercado. Desta forma, a produção alimentar no distrito reduziu drasticamente. É neste contexto que o investigador pretende realizar um estudo sobre o impacto da COVID-19 na extensão agrícola e na produção alimentar no subcondado de Nyabikungu, distrito de Rwampara.

1.3 Objectivos do estudo

1.3.1 Objetivo geral

Examinar o impacto da COVID-19 na extensão agrícola e na produção

alimentar em Nyabikungu

Subcomarca, distrito de Rwampara.

1.3.2 Objectivos

1)   Descobrir o efeito da COVID-19 na extensão agrícola no

subcondado de Nyabikungu, distrito de Rwampara.

2)   Determinar o efeito da COVID-19 na produção alimentar no

subcondado de Nyabikungu, distrito de Rwampara.

3)   Identificar as medidas utilizadas para travar os efeitos da COVID-

19 na extensão agrícola e na produção alimentar no subcondado de

Nyabikungu, distrito de Rwampara.

1.4 Questões de investigação

1)   Qual é o efeito da COVID-19 na extensão agrícola no subcondado

de Nyabikungu, distrito de Rwampara?

2)   Qual é o efeito da COVID-19 na produção alimentar no subcondado de Nyabikungu, distrito de Rwampara?

3)   Quais são as medidas que estão a ser utilizadas para travar os efeitos da COVID-19 na extensão agrícola e na produção alimentar no subcondado de Nyabikungu, distrito de Rwampara?

1.5 Âmbito do estudo

O estudo centrou-se na análise do impacto da COVID-19 na extensão agrícola e na produção alimentar no subcondado de Nyabikungu, distrito de Rwampara. Para o efeito, procurou-se descobrir o efeito da COVID-19 na extensão agrícola e na produção alimentar no subcondado de Nyabikungu, distrito de Rwampara, determinar o efeito da COVID-19 na produção alimentar e identificar as medidas utilizadas para travar os efeitos da COVID-19. O estudo foi realizado no subcondado de Nyabikungu, distrito de Rwampara. O problema da COVID-19 no Uganda começou em 2020. Por conseguinte, o estudo considerou dois anos, ou seja, 2020 e 2021.

1.6 Importância do estudo

Este estudo ajudará os decisores políticos, outros investigadores, académicos e o subcondado de Nyabikungu a examinar o efeito da COVID-19 na extensão agrícola e na produção alimentar no subcondado de Nyabikungu, distrito de Rwampara. Uma vez concluído, o estudo constituirá também uma fonte de informação útil, especialmente para outros investigadores e académicos que venham a realizar estudos relacionados.

Estudante da Universidade de Kyambogo durante o horário de funcionamento da biblioteca

Estudantes da Universidade de Kyambogo a trabalhar na biblioteca da universidade

CAPÍTULO DOIS

REVISÃO DA LITERATURA

2.1 Efeito da COVID-19 na extensão agrícola

Este capítulo analisou a literatura relacionada com o estudo. Envolveu livros didácticos, jornais, revistas e periódicos. Esta foi desenvolvida em temas desenvolvidos a partir dos objectivos do estudo orientados pelas questões de investigação. Os impactos da COVID-19 continuam a fazer-se sentir em todo o mundo, e a necessidade de abordar as vulnerabilidades dos pobres e marginalizados é cada vez maior. Nas economias rurais e dependentes da agricultura, é frequentemente o sector agrícola que sofre o impacto mais grave em tempos de crise, em grande parte devido à falta de acesso a medidas de mitigação de riscos e perdas e ao acesso limitado à assistência governamental. Entre os que são afectados, os períodos de crise são frequentemente piores para os grupos vulneráveis, como as crianças, as mulheres e os que pertencem a grupos e comunidades historicamente desfavorecidos. Usamos quatro rodadas de dados de pesquisas telefônicas de agricultores no Nepal, realizadas entre junho de

2020 e janeiro de 2021, para estudar os impactos da pandemia e bloqueios associados aos produtores de milho no distrito de Dang, no Nepal, com foco na segurança alimentar e diversidade alimentar. A nossa amostra é composta por cerca de 690 inquiridos, dos quais 70% são mulheres. A área onde o nosso inquérito é realizado faz fronteira com a Índia e, por conseguinte, assiste a uma grande emigração de homens, deixando as mulheres como chefes de família de facto (Nasreen, M. 2019).

Verificamos que, no início da pandemia, a maioria dos agregados familiares sofreu perdas de rendimento devido ao confinamento, no entanto, à medida que as restrições de circulação começaram a ser atenuadas, os impactos no rendimento tornaram-se mais brandos. No entanto, mesmo com a redução da perda de rendimento, os agregados familiares continuaram a sofrer choques sob a forma de redução do acesso aos alimentos. Avaliámos a insegurança alimentar utilizando uma versão modificada da Escala de Experiência de Insegurança Alimentar da FAO para as duas semanas anteriores ao inquérito. Verificámos que uma grande proporção de mulheres estava preocupada com o facto de não ter comida suficiente, de não poder comer alimentos saudáveis e nutritivos e de ter percebido uma mudança no seu acesso aos alimentos. De um modo geral, verificámos que as mulheres eram geralmente mais propensas a preocupar-se com a insegurança alimentar do que os homens. As probabilidades de enfrentar a insegurança alimentar eram menores entre as mulheres que pertenciam a agregados familiares economicamente mais favorecidos, e agregados familiares que possuíam terras e tinham membros migrantes. Também era menor para as mulheres que faziam parte de grupos comunitários (Walker, 2020).

De acordo com (Shams, 2020), as questões de segurança alimentar também se manifestaram sob a forma de uma diversidade inadequada de dietas. A diversidade alimentar mínima ou MDD (W) para as mulheres inquiridas foi calculada com base num período de recordação de 24 horas para 10 grupos de alimentos. As mulheres que consumiram pelo menos 5 grupos de alimentos ou mais foram consideradas como tendo uma diversidade alimentar adequada. Verificamos que cerca de 40-42% das mulheres nas duas primeiras rondas do inquérito não atingiram a MDD; e embora este número tenha diminuído na 4ª ronda, mais de um terço das mulheres continuou a ter uma diversidade alimentar inadequada. No Nepal, este facto foi motivado pelo baixo consumo de alimentos ricos em proteínas e vitamina B12 (tais como lacticínios, carne, aves e peixe, ovos, nozes e sementes). Embora não seja possível estabelecer ligações causais com base nos nossos dados, verificamos que as mulheres de agregados familiares que sofreram perdas de rendimento devido à pandemia e as que pediram dinheiro emprestado para fazer face a essas perdas tinham menos

probabilidades de atingir o DMG (FAO,

2019).

Verificamos que a insegurança alimentar estava correlacionada, não só

com os resultados económicos, mas também com outras medidas de bem-

estar, especialmente a saúde mental. Aplicámos a Escala de Depressão do

Centro de Estudos Epidemiológicos ou CESD para avaliar os sintomas

depressivos entre os inquiridos. Esta escala consiste em 20 afirmações

sobre a frequência com que os inquiridos experimentaram diferentes

indicadores de stress/depressão na semana anterior ao inquérito. As

pontuações possíveis variam entre 0 e 60, sendo que as pontuações mais

elevadas indicam a presença de mais sintomas depressivos. Diz-se que um

indivíduo sofre de depressão provável se a sua pontuação for igual ou

superior a 16. Seguindo esta definição, verificamos que 23% das mulheres

sofriam de provável depressão na terceira ronda (a primeira vez que este

módulo foi implementado). Analisando a relação entre a insegurança

alimentar, a diversidade alimentar e o bem-estar emocional das mulheres,

verificamos que uma maior insegurança alimentar estava associada a uma

maior probabilidade de sofrer de depressão. Por outro lado, alcançar o

MDD foi associado a menores probabilidades de sofrer de depressão (Nasreen, M. 2019).

Os nossos dados mostram que a insegurança alimentar, sob várias formas, foi vivida pelas mulheres no Nepal durante as várias fases do confinamento e pode ser um importante fator determinante do bem-estar físico e emocional. A insegurança alimentar e a diversidade alimentar estão associadas às condições económicas dos agregados familiares e, por conseguinte, há uma forte necessidade de se concentrar no desenvolvimento da resiliência económica dos agregados familiares vulneráveis, juntamente com o alívio dos choques de rendimento e dos desafios da insegurança alimentar. Estes programas podem incluir ajuda alimentar, fornecimento de crédito e programas de construção de activos. Esses programas devem também centrar-se mais nas mulheres, uma vez que o impacto da crise é frequentemente mais grave para elas, afectando não só a sua parte nos recursos do agregado familiar, mas também aumentando a sua carga de trabalho económico e de cuidados. O apoio nutricional e de aconselhamento psicológico às mulheres pode também ser de importância crucial para promover a saúde e o bem-estar. Os colectivos centrados nas mulheres podem ajudar a melhorar o acesso das mulheres a recursos como o crédito e o capital social, bem como servir de plataforma crucial para a prestação de serviços de aconselhamento (Shams, 2020).

2.2 Efeito da COVID-19 na produção de alimentos

No Uganda, de um modo geral, a produção agrícola não foi afetada pelo confinamento devido à COVID-19. De acordo com os peritos agrícolas, a produção agrícola prevista para a primeira época (março-julho de 2020) não foi muito diferente da da mesma época em 2019. A produção e a transformação de alimentos no Uganda continuam sem restrições. As actividades de pós-colheita e de transformação prosseguem em todo o país. Os agricultores receberam vales electrónicos para os ajudar a aceder a insumos agrícolas, sementes e fertilizantes de alta qualidade. No que respeita à pecuária, os produtos alimentares podem ser transportados dos agricultores para os mercados, mas com estrita observância dos PONs da COVID-19. Enquanto os mercados de gado estiverem suspensos, as vendas de gado podem ser efectuadas nas explorações de origem, desde que não estejam presentes mais de dez pessoas em simultâneo. Os veterinários foram aconselhados a continuar a prestar serviços de extensão, assegurando níveis adequados de medidas de biossegurança e de proteção biológica. Todos os laboratórios veterinários, postos de controlo de animais, infra-estruturas de controlo de doenças e matadouros foram autorizados a funcionar de acordo com os PON fornecidos pelo Ministério da Saúde. Os talhos e as lojas de carne foram autorizados a prosseguir as suas actividades, assegurando a estrita observância das condições de higiene e sanitárias impostas pelo Ministério da Saúde (Nasreen, M. 2019).

Produção e produtividade agrícola Tal como referido anteriormente, a produção agrícola global dos agricultores de subsistência não foi gravemente afctada pela crise. As famílias rurais continuam a depender em grande medida dos mercados locais e dos alimentos que elas próprias produzem. No entanto, as medidas de confinamento tiveram alguns efeitos negativos na agricultura. Por exemplo, o sistema de abastecimento de factores de produção agrícola foi afctado pelas restrições de viagem impostas aos agricultores e aos comerciantes de factores de produção, que dependem principalmente dos transportes públicos. Isto é particularmente verdade nos sectores da pecuária e das pescas. A volatilidade dos mercados cambiais provocada pela COVID-19 causou a desvalorização do xclim ugandês em relação ao dólar americano, com uma grande queda em março. Esta situação aumentou o custo dos factores de produção agrícola importados. Os agricultores comerciais e as empresas agro-industriais associadas a jusante, que dependem fortemente de factores de produção importados, assistiram a um aumento do custo do equipamento e das peças sobressalentes de que necessitam para

produção e transformação. Muitos estão já demasiado endividados e a desvalorização poderá pôr em causa a sobrevivência das suas empresas e ameaçar o emprego que lhes está associado (Fowler, 2020).

De acordo com os informadores-chave, o confinamento pode ter tido um efeito ligeiramente negativo na produção alimentar devido às restrições à deslocação dos trabalhadores ocasionais das suas casas para as explorações agrícolas onde trabalham. Embora tenha sido registada essa escassez de mão de obra, é pouco provável que reduza substancialmente a produção, uma vez que os membros da família fornecem a maior parte da mão de obra agrícola. A escassez de mão de obra também foi registada em grandes plantações comerciais devido a dificuldades no recrutamento de trabalhadores ocasionais por não conseguirem chegar a essas plantações (Fowler, 2020). De acordo com a Rede de Sistemas de Alerta Rápido contra a Fome (FEWS NET), as medidas de confinamento não afectaram significativamente a produção agrícola da maioria dos agricultores de subsistência no Uganda (FEWS NET, 2020).

Na maioria das áreas de padrão de precipitação bimodal (por exemplo, a Região Central), a maioria dos agricultores ainda estava a plantar e a mondar as suas culturas de primeira época no final de abril, enquanto os agricultores que plantaram em fevereiro (por exemplo, nos distritos de Kyenjojo, Kyegewa e Mityana) colheram os seus feijões mais cedo, proporcionando rendimento às famílias nessas regiões. Note-se que a COVID-19 é apenas um dos vários riscos agrícolas; o Uganda é também afetado por gafanhotos do deserto e inundações, especialmente na parte nordeste do país, e pela lagarta do cartucho, que constitui uma grande ameaça para a produção de milho. Por outro lado, a precipitação de março a abril foi superior à média, proporcionando condições favoráveis para o crescimento das culturas e das pastagens (FEWS NET, 2020). O confinamento significou que os produtores de óleo de palma tiveram acesso limitado a insumos, tais como sementes, fertilizantes e produtos químicos fitossanitários de comerciantes de insumos, que estão longe de onde a cultura é cultivada. Assim, é provável que um confinamento prolongado afecte a cadeia de valor dos óleos vegetais (Walker, 2020).

Produção e produtividade da pesca e da aquicultura. O subsector das pescas contribui para 12% do produto interno bruto agrícola do Uganda e fornece 50% de toda a proteína animal consumida no país (FAO, 2019).

Antes da pandemia, o volume de produção e o valor das exportações de peixe e produtos da pesca estavam a aumentar, com a produção a crescer mais de 24% (as unidades populacionais de perca do Nilo aumentaram 31%) e as exportações cresceram quase 30% no exercício financeiro de 2018/19 (Walker et al., 2020; MoFPED, 2019). Isto deveu-se em grande parte ao aumento da vigilância de segurança pela Força de Proteção das Pescas da Força de Defesa Popular do Uganda (UPDF) e à aplicação da lei para limitar a pesca ilegal e a utilização de artes de pesca não autorizadas no Lago Vitória, Lago George, Lago Edward, Lago Albert e Lago Kyoga e no Rio Nilo. O consumo local de peixe e o volume de peixe para exportação diminuíram durante a crise, porque as orientações de segurança em matéria de distanciamento físico obrigaram os pescadores e outros intervenientes do sector, como as fábricas e unidades de transformação de peixe, a reduzir as suas operações (Nasreen, M. 2019).

O consumo de peixe está também a diminuir devido ao aumento dos preços do peixe e à redução dos rendimentos dos consumidores. Os sistemas de pesca e de aquicultura estão a ser afectados pela pandemia de quatro formas principais: i) a perturbação dos mercados de produção: os comerciantes da República Democrática do Congo, do Quénia e do

Ruanda já não podem deslocar-se ao Uganda para comprar peixe, e os comerciantes nacionais que utilizam os transportes públicos não podem continuar a operar; ii) acesso deficiente aos locais de desembarque iii) aumento do custo de produção para os piscicultores, que necessitam de mais alimentos para manter os seus peixes durante o confinamento e podem ter dificuldades em obter factores de produção, tais como alimentos e alevins (especialmente no caso dos pequenos piscicultores) e (iv) restrições severas à pesca de captura em lagos e rios para evitar a propagação da COVID-19 para o Uganda a partir da República Democrática do Congo, do Quénia e da República Unida da Tanzânia (FAO, 2019).

De acordo com o MAAIF, as comunidades piscatórias enfrentam atualmente uma situação terrível. Estas comunidades já eram vulneráveis, uma vez que enfrentam elevadas taxas de prevalência do VIH (entre 20 e 30 por cento, em comparação com uma média nacional de 6 por cento). É também provável que a pandemia tenha um efeito significativo a longo prazo nas mulheres e nos jovens, que dependem da cadeia de valor do peixe como única fonte de subsistência. Produção e produtividade da pecuária As cadeias de valor da pecuária foram gravemente afectadas pela crise da COVID-19 no Uganda. Os custos de produção aumentaram devido às restrições à circulação de bens e serviços, o que dificulta o acesso a factores de produção, como alimentos para animais, produtos farmacêuticos, materiais de reprodução, reservas de substituição (por exemplo, pintos do dia, vacinas, sémen) e serviços veterinários. Estas restrições também limitam o acesso à mão de obra - especialmente problemática para as indústrias de transformação de carne e de lacticínios, que são intensivas em mão de obra - e perturbam a transumância, prejudicando assim a capacidade dos pastores de alimentarem os seus animais (Banco Mundial, 2020).

Além disso, o distanciamento físico e a exigência de que todos os trabalhadores usem equipamento de proteção individual estão a reduzir a eficiência das empresas de rações industriais. Para agravar estes desafios, os preços do leite no atacado e na fazenda caíram devido às recentes restrições quenianas à importação de leite ugandense. 12 Este facto prejudicou a capacidade das empresas de lacticínios do Uganda de penetrarem com sucesso no mercado da África Oriental. A República Unida da Tanzânia impôs um pesado direito de importação de UGX 3 200 (USD 0,86) por litro de leite do Uganda em 2017, tornando as exportações de leite proibitivamente caras. Para além das restrições comerciais existentes, o sector dos produtos lácteos do Uganda reduziu as exportações de leite devido à COVID-19. Esta situação afectou o sector dos lacticínios do Uganda, com perdas financeiras estimadas em 378 mil milhões de UGX (100 milhões de USD). Os produtores de leite estão atualmente a vender leite no Uganda por UGX 300-500 (USD 0,08-0,33) por litro, em comparação com UGX 700-800 (USD 0,18-0,21) em 2019. Há uma necessidade urgente de reavivar estas parcerias comerciais à luz do impacto da COVID-19 em benefício de todas as principais cadeias de valor dos produtos agrícolas no Uganda (Daily Monitor, 2020).

Flutuações dos preços dos alimentos e perturbações das cadeias de abastecimento agroalimentar Nos primeiros dias do surto, as zonas urbanas assistiram a um aumento substancial da procura de alimentos devido a compras de pânico, açambarcamento e comércio especulativo que levaram a aumentos de preços a curto prazo. Registou-se também uma procura atipicamente elevada por parte do Sudão do Sul, que é um dos principais mercados de exportação do Uganda, especialmente de cereais, açúcar e sal. Entre abril e junho, os preços dos produtos alimentares básicos, como o milho, o feijão e o arroz, subiram durante as fases iniciais do confinamento e depois desceram. Em abril, o preço grossista do milho era de UGX 656 (USD 0,14) por kg nos mercados de Kampala, em comparação com UGX 631 (USD 0,17) em abril de 2019.

Em junho, o preço desceu para UGX 502 (USD 0,11) por kg, em comparação com UGX 670 (USD 0,18) em junho de 2019. Houve aumentos de preços de frutas e legumes perecíveis durante as duas primeiras semanas do confinamento da COVID-19 - a última semana de março e a primeira semana de abril - quando o Ministério da Saúde indicou que os legumes eram essenciais para aumentar a imunidade à doença da COVID-19 (Walker, 2020).

No entanto, com a persistência do confinamento, os preços dos alimentos perecíveis, como os ovos, o leite, os legumes e a fruta, diminuíram acentuadamente entre abril e junho. Os preços reais dos alimentos perecíveis em abril e maio foram muito mais baixos do que em abril e maio de 2017, 2018 e 2019, em resultado de um colapso da procura devido à diminuição dos rendimentos. Por exemplo, o preço de um tabuleiro de 30 ovos baixou de UGX 12 000-15 000 (USD 3,00-4,00) para UGX 6 000-8 000 (USD 1,60-2,00) na maior parte de Kampala durante o confinamento. Outros alimentos altamente perecíveis, como as bananas verdes (Matooke), que são principalmente fornecidas a habitantes urbanos e restaurantes, registaram grandes quedas na procura e nos preços. O preço de um cacho de Matooke baixou de cerca de UGX 15 000-25 000 (USD 4,00-6,00) para cerca de UGX 6 000-10 000 (USD 1,60 -2,50) na maior parte de Kampala entre abril e junho. As empresas produtoras de açúcar perderam receitas significativas devido a uma queda drástica das vendas. O encerramento das fronteiras significou a perda de mercados de exportação no Sudão do Sul, na República Democrática do Congo, no Quénia e na República Unida da Tanzânia. Os fabricantes tiveram dificuldade em pagar aos produtores. Por exemplo, a produção de açúcar caiu cerca de 60% na fábrica de açúcar de Kakira em março, principalmente porque os grandes consumidores, incluindo escolas, hotéis, restaurantes e empresas de catering para cerimónias religiosas e culturais, foram obrigados a encerrar. Muitas famílias também perderam o rendimento disponível e não podem comprar açúcar para o seu consumo. Além disso, as empresas açucareiras sofreram perturbações no fornecimento e aquisição de matérias-primas, como produtos químicos e fertilizantes normalmente provenientes da Índia, do Dubai e do Egipto. Infelizmente, não há substitutos locais para essas matérias-primas. Os bares e discotecas constituem

60 por cento das vendas das empresas cervejeiras. O encerramento de eventos culturais, religiosos e desportivos reduziu significativamente o consumo de produtos cervejeiros, enquanto o confinamento e as restrições de viagem afectaram gravemente a procura dos consumidores (Savitt & Samantha, 2020).

Estas empresas empregam diretamente mais de 5.000 pessoas e cerca de 60.000 pessoas trabalham indiretamente em armazéns de venda, bares e restaurantes. Os despedimentos afectaram especialmente as pessoas das cadeias de distribuição; a maioria destas pessoas são pessoas com baixos rendimentos que trabalham no carregamento de caixas de cerveja e noutros trabalhos ocasionais. As perturbações no abastecimento de matérias-primas - principalmente trigo - bem como de produtos químicos e materiais de embalagem, também afectaram as capacidades de produção das empresas cervejeiras. Devido ao confinamento e ao encerramento de escolas, restaurantes e hotéis, há um excesso de oferta de leite fresco no mercado e os preços baixaram drasticamente. A procura também diminuiu, uma vez que muitos consumidores reduziram o seu consumo de leite a favor da compra de bens de primeira necessidade, como o milho (Nasreen, M. 2019).

No entanto, a capacidade de produção manteve-se em grande medida inalterada. A perturbação dos mercados de exportação conduziu a uma nova quebra da procura e contribuiu para a redução dos preços do leite. Enquanto o leite fresco é produzido localmente, os conservantes e os aromas para o iogurte são importados do estrangeiro. Estas cadeias de abastecimento foram interrompidas devido às restrições às deslocações comerciais. As medidas de confinamento também prejudicaram as operações e a viabilidade das PME agro-industriais devido a interrupções no fornecimento de matérias-primas, à escassez de mão de obra, ao fraco fornecimento de equipamento sobresselente e ao acesso limitado a empréstimos de recuperação, linhas de crédito, subvenções e outras facilidades financeiras. Isto é particularmente verdadeiro para as instalações de manuseamento e moagem, que estão atualmente a funcionar com uma capacidade inferior à ideal.

Esta situação pode afetar a segurança e a qualidade dos alimentos, bem como o emprego e o serviço de empréstimos. Banco Mundial (Banco Mundial, 2020).

2.3 Medidas utilizadas para travar os efeitos da COVID-19 na extensão agrícola e na produção alimentar

Como sugere o resumo de políticas da ONU, devemos usar o planeamento da resposta à COVID-19 para reconstruir sociedades mais iguais, inclusivas e resilientes. "Isso significa: incluir mulheres e organizações de mulheres no centro da resposta COVID-19; transformar as desigualdades do trabalho de cuidado não remunerado em uma nova economia de cuidado inclusiva que funcione para todos; e projetar planos socioeconômicos com um foco intencional nas vidas e no futuro de mulheres e meninas. Um dia sem trabalho é um dia sem comida para milhões de assalariados diários, trabalhadores migrantes e trabalhadores independentes. Sem uma rede de segurança adequada, as necessidades induzidas pela COVID-19 são susceptíveis de os empurrar para uma armadilha de dívidas sem fim. As mulheres serão as mais afectadas. Para evitar esta situação, temos de investir nas três necessidades básicas das pessoas - alimentação, água e abrigo - e prestar três serviços básicos primários - cuidados de saúde, educação e serviços bancários (Shams, 2020).

No que respeita à comercialização e ao comércio de produtos alimentares, o governo autorizou os mercados alimentares existentes a continuarem a funcionar sob duas condições: i) deve ser mantida uma distância de dois metros entre os vendedores e os compradores e ii) os vendedores de produtos alimentares devem permanecer em áreas designadas e ser substituídos após 14 dias. 4

As fábricas que produzem produtos alimentares e não alimentares foram autorizadas a continuar a funcionar, desde que os trabalhadores acampem na zona da fábrica durante 14 dias para reduzir as probabilidades de contrair a COVID-19 e respeitem as práticas de higiene recomendadas pela Organização Mundial de Saúde (OMS) e pelo Ministério da Saúde. As fronteiras do Uganda permaneceram abertas ao comércio, tanto à exportação de produtos de base como à importação de factores de produção agrícola. Os transportadores podem continuar a atravessar as fronteiras do Quénia, do Sudão do Sul, etc. (Banco Mundial, 2020).

Foram encontrados vários desafios, como os atrasos devidos aos controlos sanitários, que conduziram a um aumento dos custos de transporte. No entanto, não existem restrições oficiais ao transporte regional e nacional de mercadorias. O Ministério da Agricultura, da Indústria Animal e das Pescas (MAAIF) propôs apoiar esforços inovadores para atenuar os impactos da COVID-19 e as medidas de contenção associadas, tais como a logística facilitada digitalmente para reduzir os efeitos das medidas de controlo nos sistemas de transporte, distribuição e venda a retalho de factores de produção, especialmente nas zonas rurais. Segurança dos trabalhadores e dos alimentos O MAAIF propôs apoiar os esforços dos agricultores para produzir e comercializar alimentos, por exemplo, aumentando o acesso a equipamento de proteção individual (máscaras, luvas, desinfectantes, etc.).

O Ministério está também a acelerar as políticas sanitárias e fitossanitárias para reforçar a segurança e a higiene alimentar durante a deslocação de alimentos de um local para outro. Que medidas políticas estão em vigor ou previstas para mitigar o efeito da crise nos grupos vulneráveis e nos seus meios de subsistência? Aumentar a imunidade para combater a COVID-19 Os serviços de extensão do governo estão a aconselhar os agricultores a aumentar a sua imunidade diversificando as suas dietas com uma variedade de frutas e legumes. Além disso, os ugandeses estão a ser incentivados a cultivar e a consumir culturas biofortificadas ricas em nutrientes (culturas ricas em vitamina A, batata-doce de polpa alaranjada; feijão rico em ferro/zinco, etc.). Proteção social Atualmente, os programas de apoio direto ao rendimento do Uganda são: i) o Subsídio para Idosos (SCG) e ii) a terceira fase do Fundo de Ação Social do Norte do Uganda (NUSAF3). Existe também o programa de obras públicas com mão de obra intensiva, sob a alçada do Gabinete do Primeiro-Ministro (Walker, 2020).

Atualmente, o SCG e o NUSAF3 cobrem apenas cerca de 3% da população, o que é completamente inadequado para reduzir a pobreza à escala (UNCT-Uganda, 2020). No entanto, o SCG foi alargado para abranger mais 71 distritos e deverá ser lançado a nível nacional em breve, enquanto o Banco Mundial está a trabalhar para prestar apoio adicional ao NUSAF3. O Departamento para o Desenvolvimento Internacional (DFID) do Reino Unido da Grã-Bretanha e Irlanda do Norte está a explorar as possibilidades de oferecer uma maior proteção social através dos programas de Subsídios de Assistência Social para o Empoderamento6 (SAGE) e Give Directly do Uganda (PNUD, 2020).

O Governo do Uganda tomou medidas políticas que beneficiam diretamente muitas famílias com baixos rendimentos. Estão a ser distribuídos alimentos, incluindo farinha de milho, feijão e açúcar, a grupos vulneráveis (por exemplo, trabalhadores ocasionais, trabalhadores informais, desempregados, pessoas com deficiência, etc.) em Kampala e nas zonas circundantes. Os programas de ajuda ao trabalho serão alargados para beneficiar 500.000 pessoas. O acesso a serviços essenciais, como a eletricidade, a água e os serviços de saneamento, está garantido. Os pagamentos foram alargados - os consumidores que não podem pagar no momento podem acordar com os prestadores de serviços o pagamento numa data posterior ou em prestações geríveis. Medidas de política fiscal e monetária Em 6 de abril, o Governo do Uganda discutiu um documento do gabinete que continha propostas de adiamento de impostos e de apoio aos sectores económicos mais afectados. O Banco do Uganda anunciou um conjunto de medidas para apoiar o sector financeiro, por exemplo, reduzindo

As taxas de juro do Uganda foram fixadas em 8%, tendo sido concedida assistência à liquidez e uma moratória sobre o reembolso dos empréstimos. A Autoridade Tributária do Uganda (URA) anunciou alterações na administração fiscal para reduzir o custo do cumprimento das obrigações fiscais. O Governo também recapitalizou o Banco de Desenvolvimento do Uganda, a Corporação de Desenvolvimento do Uganda e o Centro de Apoio às Microfinanças para fornecer crédito acessível às pequenas e médias empresas (PME) (Banco Mundial, 2020).

Apoio ao sector agroindustrial Para garantir a estabilidade a longo prazo da produção e do abastecimento alimentar, o Uganda deverá criar condições favoráveis ao sector agroindustrial, incluindo i) a redução dos direitos de importação sobre as matérias-primas; ii) a redução das taxas de juro para permitir o reembolso dos empréstimos, especialmente por parte das PME agrícolas; iii) a concessão de um pacote de estímulo às agro-indústrias para facilitar o pagamento dos empregados e a compra de matérias-primas; e iv) a harmonização das leis e regulamentos que regem o sector agroindustrial para facilitar o comércio e a concorrência leal. A ligação dos agricultores e das PME aos mercados através de contratos agrícolas e de plataformas de produtos de base são outras formas de ajudar as empresas agro-industriais.

Faculdade de Engenharia da Universidade de Kyambogo, Kampala, Uganda

Faculdade de Ciências da Universidade de Kyambogo, Kampala, Uganda

CAPÍTULO TRÊS

METODOLOGIA

3.0.Introdução

Esta secção descreve as técnicas utilizadas para recolher os dados necessários para o estudo. Descreve a introdução, a conceção da investigação, a área de estudo, a população do estudo, a dimensão da amostra e o processo de amostragem, as fontes de dados e os métodos e instrumentos de recolha de dados, o processo de recolha de dados, o tratamento, a análise e a interpretação dos dados.

3.1. Conceção da investigação

Burns e Grove (2009) referem-se à conceção da investigação como o "plano para a realização de um estudo que maximiza o controlo sobre os factores que poderiam interferir com a validade dos resultados. Este foi um estudo transversal que utilizou métodos quantitativos e qualitativos para examinar o impacto da COVID-19 na extensão agrícola e na produção alimentar no subcondado de Nyabikungu, distrito de Rwampara. O investigador utilizou o método quantitativo de recolha de dados porque a maior parte dos resultados da investigação foram relatados numa declaração descritiva e complementados por figuras, quadros e as respectivas frequências e percentagens foram calculadas.

3.2. População-alvo

De acordo com Burns e Grove (2003), a população inclui todos os indivíduos que satisfazem os critérios de amostragem para inclusão num estudo. O investigador estava interessado nos membros da comunidade, especialmente nos agricultores, nos extensionistas disponíveis, no responsável pelo desenvolvimento da comunidade e no responsável pela agricultura do subcondado de Nyabikungu.

3.3. Dimensão da amostra

A dimensão da amostra refere-se ao número de pessoas no grupo de inquiridos (Brannen, 2008). O investigador utilizou a fórmula eslovena para calcular a dimensão da amostra. A população-alvo estimada de agricultores no subcondado de Nyabikungu é de 300 pessoas.

Fórmula eslovena para calcular a dimensão da amostra

$$n = \frac{N}{1+N(e^2)}$$

Where, n = sample size

N = population size

e = Level of significance = e =

$$0.05 \quad n = \frac{300}{1+300\,(0.0025)}$$

$$n = \frac{300}{1.75}$$

$$n = 171$$

Por conseguinte, o investigador utilizou uma amostra de 171 inquiridos.

Estes incluíam 169 membros da comunidade, 1 oficial de desenvolvimento comunitário e 1 oficial de agricultura no subcondado de Nyabikungu, distrito de Rwampara. O responsável pelo desenvolvimento da comunidade e o responsável pela agricultura foram os principais inquiridos no estudo.

3.4. Processo de amostragem

3.4.1 Amostragem aleatória simples

De acordo com Siegle, (2004), a amostragem aleatória simples é utilizada numa situação em que cada inquirido tem a mesma probabilidade de ser selecionado para participar no estudo. O investigador utilizou a amostragem aleatória simples para selecionar os membros da comunidade/agricultores.

3.4.2 Amostragem objetiva

De acordo com Amin, (2005), a amostragem intencional é preferida para selecionar pessoas que ocupam posições que lhes permitem ter mais conhecimentos sobre as questões que se passam nas suas áreas. Assim, o investigador utilizou uma amostragem intencional para selecionar informadores-chave, como os responsáveis pelo desenvolvimento comunitário e os responsáveis agrícolas da zona.

3.5. Métodos de recolha de dados

3.5.1. Questionário

Kahn (1993) define um questionário como um conjunto de perguntas formalizadas utilizadas num inquérito para recolher informações que são posteriormente analisadas para fornecer os resultados necessários à resolução de um determinado problema de investigação. Este questionário recolheu dados junto dos membros da comunidade/agricultores. Foi utilizado um questionário com perguntas abertas e fechadas, pré-codificadas para facilitar a introdução e a análise dos dados, para recolher dados dos principais inquiridos.

3.5.2. Guia de entrevista

De acordo com Ranjit Kumar (2011), a entrevista é quando um entrevistador lê a pergunta aos inquiridos e regista as suas respostas. O guia de entrevista foi utilizado para recolher dados junto dos principais inquiridos, uma vez que permite uma explicação e uma compreensão mais profunda.

3.6 Garantia de qualidade

Isto foi medido pela validade e fiabilidade dos dados.

3.6.1 Validade

De acordo com Creswell (2014), a validade refere-se ao grau em que o nosso teste ou outro dispositivo de medição está realmente a medir o que pretendemos que ele meça. Para verificar a validade dos instrumentos, foi solicitada a opinião de peritos ao supervisor para dar orientações sobre o formato do questionário e o guião da entrevista.

3.6.2 Fiabilidade dos dados

De acordo com Creswell (2014), a fiabilidade refere-se à consistência, estabilidade e repetibilidade dos resultados. Neste estudo, foi utilizado o método de teste ou re-teste para estabelecer a fiabilidade. Os instrumentos de recolha de dados foram pilotados e testados duas vezes, em ocasiões diferentes, na mesma população, por diferentes responsáveis pela recolha de dados.

3.7. Considerações éticas

De acordo com Beebe e Smith (2013), toda a investigação social envolve questões éticas, uma vez que a investigação social implica a recolha de dados junto de pessoas que são os sujeitos em estudo. Para obter dados primários, o investigador recebeu uma carta introdutória do Departamento de Agricultura e Agronegócio para apresentar o investigador às autoridades do subcondado de Bwamiramira, pedindo autorização para investigar o tópico em estudo. Quando a autorização foi concedida, o investigador garantiu aos inquiridos a confidencialidade e, em seguida, distribuiu questionários entre os inquiridos para que os preenchessem. Os questionários preenchidos foram verificados quanto à sua exaustividade e foram recolhidos.

3.8. Análise e apresentação dos dados

De acordo com Wilson et al. (2014), uma vez recolhidos os dados, estes são processados numa forma utilizável, o que exige a limpeza dos dados, o processamento de sinais e a análise, como a deteção de eventos ou a correlação de dados. O investigador limpou os dados logo no terreno, verificando todos os questionários para garantir que todas as informações necessárias foram captadas. No caso de se ter esquecido de alguma coisa, o investigador voltou atrás e recolheu os dados em falta. O investigador utilizou então o Statistical Package for Social Scientists (SPSS) para introduzir e analisar os dados recolhidos. Os dados analisados foram depois processados utilizando o Microsoft Word, interpretados e apresentados utilizando tabelas descritivas para uma melhor compreensão. Em seguida, o investigador apresenta as conclusões da investigação num relatório de investigação.

3.9 Limitações do estudo

Diversas limitações impediram o progresso desta investigação, por exemplo: alguns inquiridos recusaram-se a participar nas informações do estudo. O investigador substituiu-os e prosseguiu o estudo. Outros inquiridos adiaram continuamente a entrevista e preencheram os questionários. O investigador esperou pacientemente pelo horário acordado, mas alguns não responderam novamente, o investigador substituiu-os e continuou com o estudo.

**2023 Ciência, Tecnologia, Engenharia. Artes. E Festival de
Matemática**

**Estudantes da Universidade de Kyambogo em traje académico no
entretenimento**

CAPÍTULO QUATRO

ANÁLISE DE DADOS, INTERPRETAÇÃO E APRESENTAÇÃO

4.0 Introdução

Este capítulo apresenta os resultados do estudo sobre os objectivos específicos definidos. Estes incluíam: descobrir o efeito da COVID-19 na extensão agrícola no subcondado de Nyabikungu, distrito de Rwampara, determinar o efeito da COVID-19 na produção alimentar no subcondado de Nyabikungu, distrito de Rwampara, e identificar as medidas utilizadas para travar os efeitos da COVID

19 sobre extensão agrícola e produção alimentar no subcondado de Nyabikungu, distrito de Rwampara.

4.1 Características sócio-demográficas

Dos inquiridos. N=171

Tabela 1: Características demográficas dos inquiridos

Indicator	Characteristic	Total	Percentage
Gender	Male	96	56
	Female	75	44
Age	15-24 years	43	25
	25-34 years	97	57
	35-39 years	24	14
	40-49 years and	7	04
Marital status	Single	82	48
	Married	72	42
	Separated/divorced	14	08
	Widower/widow	3	02
Education level	No formal	21	12
	Primary	87	51
	Secondary	58	34
	Tertiary	5	03
Working	Less than 5 years	65	38
	6-10 years	46	27
	11-15 years	39	23
	16-20 years	17	10
	21years and above	3	02

SD-Strongly, D-Disagree, N-Neutral, A-Agree, SA-Strongly Agree

Como se pode ver no Quadro 1, a maioria dos inquiridos eram homens (56%) e as mulheres (44%), o que mostra o equilíbrio entre agricultores do sexo feminino e masculino. No que diz respeito à idade, a maioria dos inquiridos tinha entre 25-34 anos (57%), seguidos de 15-24 (25%) e apenas alguns (4%) tinham mais de 40 anos ou mais. Isto mostra que a maior parte da população de Nyabikungu é jovem e tem força suficiente para participar na agricultura. (48%) eram solteiros e apenas (2%) eram viúvos. A maioria (51%) tinha um nível de ensino secundário, (34%) tinha o ensino primário, (12%) nunca teve qualquer educação formal, e (3%)

tinha o ensino superior. Isto indica que muitas pessoas não são oficiais e, por isso, fazem da agricultura a sua atividade económica. (27%) tinham uma experiência de trabalho inferior a 5 anos, (27%) tinham trabalhado entre 6 e 10 anos e (2%) tinham 21 anos ou mais.

4.2 Efeito da COVID-19 na extensão agrícola no subcondado de Nyabikungu, distrito de Rwampara.

N=171

Quadro 2: Mostra o efeito da COVID-19 na extensão agrícola.

Statement	Strongly	Agree	Disagree	Strongly
Limited movement of extension workers	80%	10%	6%	4%
Limited or no agricultural training	100%	0%	0%	0%
Death of some extension workers due to COVID	56%	24%	19%	1%
Death of some farmers due to COVID-19	45%	31%	12%	12%

SD-Strongly, D-Disagree, N-Neutral, A-Agree, SA-Strongly Agree

De acordo com a Tabela 2, a maioria dos inquiridos concordou fortemente (100%) que a COVID-19 levou a uma limitada ou nenhuma formação agrícola realizada pelos extensionistas. Isto foi atribuído ao facto de que houve um movimento limitado dos extensionistas devido ao confinamento que foi posto em prática para controlar a propagação do COVID-19.

Muitos inquiridos continuaram e concordaram fortemente que alguns extensionistas morreram devido ao COVID-19 (56%), enquanto menos inquiridos concordaram fortemente que alguns agricultores

morreram de COVID-19 (45%), o que mostra que a pandemia não afectou apenas as actividades agrícolas, mas também a vida das pessoas.

4.3 Efeito da COVID-19 na produção alimentar no subcondado de Nyabikungu, distrito de Rwampara.

N=171

Quadro 3: Efeito da COVID-19 na produção alimentar

Statement	Strongly	Agree	Disagree	Strongly
COVID-19 has reduced food production because	65%	20%	10%	5%
COVID-19 has increased food production	60%	20%	10%	10%
COVID-19 has led to underproduction hence	56%	24%	19%	1%
COVID-19 has led to production which has	32%	12%	44%	12%

SD-Strongly, D-Disagree, N-Neutral, A-Agree, SA-Strongly Agree

A Tabela 3 acima apresenta os efeitos da COVID-19 na produção de alimentos de diferentes maneiras. A maioria dos inquiridos concordou fortemente que a COVID-19 reduziu a produção de alimentos devido à limitação dos serviços de extensão (65%), seguida por muitos deles que concordaram fortemente que a COVID-19 aumentou a produção de alimentos porque a maioria das pessoas optou pela agricultura. Estas duas afirmações são contraditórias, o que implica que a COVID-19 teve impactos negativos e positivos na produção alimentar. Por exemplo, a população de Nyabikungi tem participado amplamente na agricultura, mas a produção diminuiu devido ao acesso limitado aos serviços de extensão. No entanto, algumas pessoas afirmam que, quando perderam os seus empregos e negócios devido à COVID-19, optaram pela agricultura, o que aumentou a produção de alimentos nas suas casas. Mas, em geral, ao nível dos sub-condados, a produção alimentar diminuiu muito devido aos desafios trazidos pela COVID-19. Estes desafios incluem o acesso limitado aos serviços de extensão e a falta de deslocação para as cidades onde se encontram as lojas agrícolas, o que levou ao aumento de pragas e doenças nas explorações agrícolas.

Muitos agricultores também concordaram fortemente que a COVID-19 levou à produção, aumentando assim os preços dos alimentos (56%), enquanto outros discordaram fortemente da afirmação de que a COVID-19 levou à superprodução, o que reduziu os preços dos alimentos (44%).

Esta é uma indicação de que a COVID-19 afectou a produção alimentar no Subcondado de Nyabikungu.

4.4 Medidas utilizadas para travar os efeitos da COVID-19 na extensão agrícola e na produção alimentar no subcondado de Nyabikungu, distrito de Rwampara. N=171

Quadro 4: Medidas utilizadas para reduzir os efeitos da COVID-19 na extensão agrícola e na produção alimentar.

Statement	Strongly	Agree	Disagree	Strongly
Uplifting of lockdown to enable extension	90%	10%	0%	0%
Conducting online training during	43%	32%	15%	10%
The government allows the movement of extension	83%	17%	0%	0%
Online marketing of agricultural products	32%	12%	44%	12%
Vaccination against COVID-19 to enable the	78%	22%	0%	0%

SD-Strongly, D-Disagree, N-Neutral, A-Agree, SA-Strongly Agree

De acordo com a Tabela 4, a maioria dos inquiridos concordou fortemente que o levantamento do confinamento para permitir a deslocação dos extensionistas (90%) foi a principal estratégia eficaz usada pelo governo para reduzir o impacto do COVID-19 tanto no trabalho de extensão como na produção alimentar. Foi relatado que quando a restrição do confinamento foi minimizada, os extensionistas começaram a deslocar-se normalmente para os agricultores, realizaram formação em diferentes áreas, os agricultores tiveram a oportunidade de se deslocar a diferentes lojas agrícolas para comprar os requisitos necessários para o bom funcionamento das suas explorações agrícolas, como acaricidas, medicamentos, fertilizantes e outros equipamentos. No entanto, foi também referido que, antes de o governo ter reduzido as restrições às deslocações, os funcionários agrícolas e os extensionistas eram autorizados a deslocar-se como trabalhadores essenciais (80%), mas mesmo assim a maioria deles receava fazê lo porque havia limitações de tempo e dificuldades de transporte, por exemplo, as Boda Bodas não eram autorizadas para além da hora indicada. Por conseguinte, os extensionistas continuavam a ter limitações, o que afectava a eficácia do seu trabalho e, consequentemente, a produção alimentar.

Muitos inquiridos também concordaram fortemente que a vacinação contra a COVID-19 para permitir ao governo levantar o confinamento (78%) foi uma medida implementada para a redução dos efeitos da COVID-19 na extensão agrícola e na produção alimentar. No entanto, os inquiridos referiram que esta medida foi implementada no segundo confinamento, quando os efeitos da COVID-19 na extensão agrícola e na produção alimentar já tinham sido profundamente sentidos pelos agricultores de Nyabikungu

Subcondado.

Muito poucos inquiridos concordaram fortemente que a comercialização em linha de produtos agrícolas (32%) e a realização de formação em linha durante o confinamento (43%) foram implementadas para travar os efeitos da COVID-19 na extensão agrícola e na produção alimentar. Foi referido que a maioria dos agricultores não tem smartphones ou computadores e tem menos habilitações literárias. Assim, é-lhes difícil ou impossível utilizar a Internet, o que limita a utilização da comercialização em linha dos seus produtos e a participação em acções de formação em linha. A situação é ainda agravada pelas redes deficientes e pelos custos mais elevados de aparelhos como os smartphones, sem esquecer os dados. Por conseguinte, a utilização do marketing e da formação em linha no subcondado de Nyabikungu não constituiu um método eficaz para travar os efeitos da COVID-19 na extensão agrícola e na produção alimentar.

Estudantes da Universidade de Kyambogo promovem a educação das raparigas

Estudantes da Universidade de Kyambogo nos degraus da instalação central de ensino

CAPÍTULO CINCO

DISCUSSÃO, CONCLUSÕES, E RECOMENDAÇÕES

5.0 Introdução

Este capítulo apresenta discussões detalhadas, conclusões e recomendações sobre os resultados do estudo relativo ao impacto da COVID-19 na extensão agrícola e na produção alimentar no subcondado de Nyabikungu, distrito de Rwampara.

5.1 Discussão dos resultados

5.1.1 Efeito da COVID-19 na extensão agrícola

As constatações do estudo revelaram que a COVID-19 conduziu a uma formação agrícola limitada ou inexistente por parte dos extensionistas (100%) no subcondado de Nyabikungu, a um movimento limitado dos extensionistas (80%), à morte de alguns extensionistas (56%) e à morte de alguns agricultores (45%). Estes são efeitos muito decepcionantes e infelizes da COVID-19 19 que precisam de atenção imediata. Os resultados do estudo estão relacionados com a FAO (2020), que relatou que, devido às restrições da COVID-19, o sector alimentar e agrícola enfrenta desafios na cadeia de valor que incluem: a prestação de serviços de extensão agrícola, o acesso aos mercados agrícolas e os défices de mão de obra. A formação dos agricultores e os serviços de extensão agrícola são fundamentais para melhorar a qualidade e a quantidade dos produtos agrícolas. Mhlanga (2020) afirma que a instituição de confinamentos nacionais provou ser muito importante para reduzir a circulação de pessoas e achatar a curva de transmissão da COVID-19. No entanto, as medidas restritivas perturbaram os meios de subsistência dos pequenos agricultores através da rutura do seu capital social, uma vez que deixou de ser possível trabalhar em conjunto para maximizar a produtividade (Ndhlovu,

2018).

5.1.2 Efeito da COVID-19 na produção alimentar

O estudo concluiu que a COVID-19 reduziu a produção alimentar devido à limitação dos serviços de extensão (65%). Os extensionistas que dariam formação aos agricultores e os equipariam com métodos agrícolas melhores e mais modernos não tinham forma de chegar à população devido às limitações de transporte e ao receio de serem infectados com o vírus. A redução da produção de alimentos devido à limitação da deslocação dos extensionistas está relacionada com a FEWS NET (2020), que observou que o confinamento pode ter prejudicado a produção de alimentos devido às restrições à deslocação dos extensionistas das suas casas para o terreno onde são necessários para alargar os seus serviços. A proibição de reuniões públicas dificultou a prestação de serviços adequados de extensão agrícola, tais como a formação dos agricultores, a distribuição de insumos agrícolas, as visitas de campo, as escolas de campo e as exposições agrícolas distritais, limitando a produção de alimentos (Savitt & Samantha 2020).

5.1.3 Medidas usadas para conter os efeitos da COVID-19 na extensão agrícola e na produção de alimentos

No que diz respeito às medidas utilizadas para conter os efeitos do COVID-19 nos serviços de extensão e na produção alimentar, o estudo constatou que o estudo constatou que o levantamento do confinamento para permitir a deslocação dos extensionistas (90%) e permitir que os funcionários agrícolas e os extensionistas se desloquem como trabalhadores essenciais (80%) foram as medidas mais importantes apresentadas para reduzir o efeito do COVID-19 nos serviços de extensão e na produção alimentar. Isto está relacionado com o Banco Mundial (2020), que observou que o Ministério da Agricultura, da Indústria Animal e das Pescas (MAAIF) propôs apoiar esforços inovadores para aliviar os impactos da COVID-19 e as suas medidas de contenção associadas, tais como a logística facilitada digitalmente para reduzir os efeitos das medidas de controlo nos sistemas de transporte, distribuição e venda a retalho de insumos, especialmente nas zonas rurais. Segurança dos trabalhadores e dos alimentos O MAAIF propôs apoiar os esforços dos agricultores para produzir e comercializar alimentos, por exemplo, aumentando o acesso ao equipamento de proteção do pessoal (máscaras, luvas, desinfectantes, etc.).

5.2 Conclusões

Os resultados revelaram que os serviços de extensão e o fornecimento de alimentos foram negativamente afectados pelo surto de COVID-19. Foi universal entre os informantes que as restrições de viagem reduziram a interação física entre agricultores e extensionistas e a formação dos agricultores. Consequentemente, isto prejudicou a produtividade e aumentou a propensão para a fome, uma vez que o fornecimento de alimentos foi reduzido. Levantar o confinamento para permitir a deslocação dos extensionistas e permitir que os funcionários agrícolas e os extensionistas se desloquem como trabalhadores essenciais foram as medidas mais importantes apresentadas para reduzir o efeito do COVID-

19 nos serviços de extensão e na produção alimentar.

5.3 Recomendações

As pessoas têm de cumprir os regulamentos relativos à COVID-19 para nivelar a curva de transmissão da COVID-19. A utilização de grupos sociais para a comunicação durante o confinamento ajuda a reduzir a propagação da COVID-19. Desenvolvimento de estratégias de formação em matéria de marketing em linha, em que as pessoas podem fazer encomendas de vários produtos e reservar-se para compras ou entregas durante um determinado período de tempo, bem como aprender mais sobre a agricultura, como obter actualizações sobre novas variedades e melhores métodos agrícolas. Isto contribuirá muito para minimizar o número de pessoas que se juntam em grande número e o risco de contrair a COVID-19.

Kyambogo University Main Administration Block East EndCampus

Associação de Estudantes de Agricultura da
Universidade de Kyambogo

REFERÊNCIAS

Aday, S., & Aday, M. S. (2020). Impacto da COVID-19 na cadeia de abastecimento alimentar. *Qualidade e Segurança Alimentar, 4*(4), 167-180.

Ali, J., & Khan, W. (2020). Impacto da pandemia de COVID-19 nos preços agrícolas por grosso na Índia: A comparative analysis across the phases of the lockdown. *Jornal de Assuntos Públicos, e2402*, 1-6.

Ali, M. A., Kamraju, M., & Wani, M. A. (2020). Impacto da COVID-19 nas indústrias. *Agricultura e Alimentação: Boletim Informativo Eletrónico, 2*(7). BRAC (2020). Estudo de Avaliação Rápida do Programa de Género, Diversidade e Justiça (citado em
PNUD, 2020)

Chakraborty, I., & Maity, P. (2020). Surto de COVID-19: migração, efeitos na sociedade, ambiente global e prevenção. *Ciência do Ambiente Total*, 728.

Monitor diário. 2020. O que é que o Uganda pode fazer com o seu excedente de leite? In: Daily Monitor [online].
Kampala.

Devereux, S., Béné, C., & Hoddinott, J. (2020). Conceituando os impactos do COVID-19 em
segurança alimentar das famílias. *Segurança Alimentar, 12*(4), 769-772.

Dzobo, M., Chitungo, I., & Dzinamarira, T. (2020). COVID-19: Uma perspetiva para levantar o bloqueio no Zimbabué. *Jornal Médico Pan-Africano, 35*(20), 13.

FAO. (2020). *Serviços de extensão e aconselhamento: Na linha da frente da resposta à COVID-19 para garantir a segurança alimentar.*

FAO. (2020a). Responder ao impacto do surto de COVID-19 nas cadeias de valor alimentar através de uma logística eficiente. Fórum Mundial sobre Segurança Alimentar e Nutricional. Relatório de atividade.

Organização das Nações Unidas para a Alimentação e a Agricultura (FAO).

2019. A FAO e a

O Ministério da Agricultura avança com os esforços para a regulamentação das

pescas e

Aquacultura no Uganda.

Governo do Zimbabué. (2020). *SI 2020-077 Regulamentos de Saúde Pública (Prevenção, Contenção e Tratamento da COVID-19).* Impressoras do Governo.

Honório, J. (2017). Compreender o papel da triangulação na investigação. *Investigação académica*

Revista de Estudos Interdisciplinares, 4 (31), 91-95. 2278-8808.

Ji-kun, H. (2020). Impactos da COVID-19 na agricultura e na pobreza rural na China. *Journal of*

Integrative Agriculture, 19(12), 2849-2853.

Maiyaki, A. A. (2010). A indústria agrícola do Zimbabué. *Jornal Africano de Negócios*

Gestão, 4(19).

Mhlanga, D., & Ndlovu, E. (2020). Implicações socioeconómicas da pandemia de COVID-19 nos meios de subsistência dos pequenos agricultores no Zimbabué.

Ministério das Finanças, do Planeamento e do Desenvolvimento Económico (MoFPED). 2019. Relatório Semestral de Desempenho Orçamental. Exercício financeiro 208/19. Kampala MoFPED. 2020. Declaração do Ministro das Finanças ao Parlamento sobre o impacto económico da COVID-19 no Uganda. Em: MoFPED [em linha]. Kampala.

Nasreen, M. (2019). Mulheres e raparigas: Vulnerable or Resilient?Daca: Instituto de Catástrofe
Gestão e Estudos de Vulnerabilidade, Universidade de Dhaka, Bangladesh

Nasreen, M. (2020). Género e WASH em Emergência: O que acontece quando um super ciclone atinge o auge de uma pandemia? REACH: Universidade de Oxford, REACH, 7 de setembro de 2020. https://reachwater.org.uk/gender-and-wash-inemergency-what-happens-when-a-super- cyclone-hits-at-the-height-of-a-pandemic/

Ndhlovu, E. (2018). Relevância da abordagem dos meios de subsistência sustentáveis na reforma agrária do Zimbabué

programa. *Africa Insight, 47*(4), 72-87.

Parwada, C. (2020). Bloqueio do surto de COVID-19 e seus impactos na comercialização de produtos hortícolas no Zimbabué. *Jornal Internacional de Ciências da Horticultura, 26,* 38-45.

Revet,   .,   (2020).   'COVID-19:   catástrofenatural   ?'
                Entrevista.
https://www.sciencespo.fr/en/news/news/COVID-19-a-natural-disaster/4889
Savitt, A. & Samantha M., (2020). 'Nem todos os desastres são desastres: Pandemic Categorization and its consequences". https://items.ssrc.org/COVID-19-and-the-social-sciences/disaster- studies/not-all-disasters-are-disasters-pandemic-categorization-and-its-consequences/

Shams, M. (2020). Impacto socioeconómico da COVID-19: A Gendered Pandemic Assessment in Dhaka City, documento de investigação não publicado, IDMVS, DU

Talukdah, B., vanLoon, G. W., Hipel, K. W., & Orbinski, J. (2021). Implicações do COVID-19 nos sistemas agroalimentares e na saúde humana em Bangladesh. *Pesquisa atual em sustentabilidade ambiental, 3.*

ONU. (2020). *Resumo da Política: O impacto da COVID-19 na Segurança Alimentar e Nutricional.*

PNUD (2020). COVID-19: Um passo atrás para o empoderamento das mulheres no Bangladesh?

Walker, R.A, T. Stucka, R. Sundaram, et al. 2020. 14ª Edição da Atualização Económica do Uganda: Strengthening Social Protection to Reduce Vulnerability and Promote Inclusive Growth (Reforço da proteção social para reduzir a vulnerabilidade e promover o crescimento inclusivo).

OMS. (2021). *Painel de controlo da doença do vírus corona da OMS (COVID-19) - Situação por país, território e área.*

Workie, E., Mackolil, J., Nyika, J., & Ramadas, S. (2020). Decifrar o impacto da pandemia da COVID-19 na segurança alimentar, na agricultura e nos meios de subsistência: A review of the evidence from developing countries. *Investigação atual em sustentabilidade ambiental, 2.*

Banco Mundial Banco Mundial. 2020. Uganda: O Banco Mundial disponibiliza 300 milhões de dólares para colmatar o défice de financiamento da COVID-19 e apoiar a recuperação económica.   Em: Banco Mundial [online]. Washington, DC.

Yamano, T., Sato, N., & Arif, B. W. (2020). *Impacto do COVID-19 nas famílias agrícolas em Punjab, Paquistão: Analysis of Data from a Cross-Sectional Survey.* Banco Asiático de Desenvolvimento.

Sociedade Agrícola do Zimbabué. (2019). *Inquérito sobre o estado do sector agrícola do Zimbabué.* The Financial Gazette.

yes
I want morebooks!

Buy your books fast and straightforward online - at one of world's fastest growing online book stores! Environmentally sound due to Print-on-Demand technologies.

Buy your books online at
www.morebooks.shop

Compre os seus livros mais rápido e diretamente na internet, em uma das livrarias on-line com o maior crescimento no mundo! Produção que protege o meio ambiente através das tecnologias de impressão sob demanda.

Compre os seus livros on-line em
www.morebooks.shop